Education
78

从原谅到忘记

Forgive to Forget

Gunter Pauli

冈特·鲍利 著

凯瑟琳娜·巴赫 绘

田 烁 王菁菁 译

特别感谢以下热心人士对译稿润色工作的支持：

姜竹青　韩　笑　贾　芳　刘　晓　张黎立　刘之杰
高　青　周依奇　彭　江　于函玉　于　哲　单　威
姚爱静　刘　洋　高　艳　孙笑非　郑莉霞　周　蕊

目录

Contents

哈里斯鹰和狐猴正在抱怨他们及其祖先们所遭遇的不幸经历。他们抱怨的东西非常多，尤其是那些入侵其领地的“外来客”。

A Harris hawk and a lemur are complaining about all the bad things that have happened in their lives and in their forefathers' lives. Their list of complaints is long, especially about all the strangers who invaded their land.

哈里斯鹰和狐猴正在抱怨……

A hawk and a lemur are complaining ...

……要守护好大一片领地

... a large territory to defend

哈里斯鹰首先表明立场。“我要守护好大一片领地，巡查一遍要花费我一整天的时间。要是谁胆敢闯进我的地盘，我一定会好好教训他。”

The hawk makes his position clear. “I have such a large territory to defend. It takes me all day to survey my land. Anyone who enters my area will learn a lesson.”

“我们是竖起黑白相间的长尾巴来做标记警示别人。不管是谁胆敢冒犯我们的领地，他最好准备好打一场臭气大战，”环尾狐猴说道，“尤其是那些住在附近的狐猴家族。”

“We’re putting up sign posts, using our long black and white tails. Whoever does not respect our land had better prepare for a stink fight,” says the ring-tailed lemur, “especially these neighboring lemurs!”

……准备好打一场臭气大战

... prepare for a stink fight

我们甚至倒立……

We even stand on our hands ...

“入侵者那么多，你们能制造出足够多那种臭哄哄的东西吗？”

“你最好还是相信。我们狐猴家族可以制造出很多那种臭哄哄的东西。你知道我们可以用前臂把这些臭东西喷向四周吗？ 有时，我们甚至倒立着以最佳方式攻击敌人。”

“Can you produce enough of that stinky stuff? There are so many intruders.”

“You better believe it. My family makes lots of that stinky stuff. Did you know we spray it around from our forearms? Sometimes we even stand on our hands to take the best shot at our enemy.”

“我可不喜欢飞越你们的领地。那里味道太难闻了。”

“你能原谅我吗？这可是一个事关生存的问题。”

“I don’t fancy flying over your territory. It smells.”

“Do you forgive me? It is a matter of survival.”

味道太难闻了

It smells

“生存还是毁灭”

“to be or not to be”

“你说得对。你不是狐猴，我们的倒立臭气大战对你来说确实有些可笑。但是对我们来说，领地之争可是事关‘生存还是毁灭’的大事。”

“听着，我可以原谅你们进行奇怪的臭气大战，但这种气味实在让我无法忘记。”

“You are right, our stinky fights with handstands are a bit ridiculous when you are not a lemur, but for us it’s a matter of ‘to be or not to be’.”

“Look, I can forgive the fact that you guys get into your strange smelly fights, but the smell makes it impossible to forget.”

“当我飞越陆地上空时，我也看到了其他动物家族是如何守护领地的。有用爪子在树上做标记的，有在地上划出痕迹的，有留下皮毛的，有嚎叫的，有威胁恐吓的，甚至还有撒尿的！我承认，所有这些方式似乎都不如你们。”

“When I fly over the land I see others marking trees with their claws, scraping the ground, leaving fur, howling, intimidating, and they even pee! I admit, all that seems worse than you.”

……用爪子在树上做标记……

... marking trees ...

……发动战争……

… go to war …

“可要说最坏的，还是人类。他们发动战争，让所有人都卷入战争来争夺陆地和海洋资源的开采权。”

“人类的历史就是一部侵略与战争史，长久以来，人们被迫做着违背自己意愿的事。他们甚至有一个叫‘殖民主义’的东西。”

“人类发明了国界，还要花钱供养军队来保护自己，从不考虑社会所付出的代价。”

“甚至有些人还在不同的种族和信仰之间也划定界线。”

“But the worst of all are people. They go to war and make everyone fight for the right to exploit the land or the sea.”

“The human history is one of invasions and wars, controlling people against their will for years. They even had something called colonialism.”

“People invented boundaries and spend money to defend themselves with armies, no matter the cost to society.”

“And then some even created boundaries amongst races and beliefs.”

“怎么能因为人们的长相或想法不同，就把他们区分开呢？”

“人类打起仗来真是毫不手软。他们制造的炸弹可以摧毁一切，包括人类自己。”

“什么！如果所有人都被炸死了，那么就没有人可以去原谅战争，而且一切都将被忘记。”

“我很庆幸，我们只是发动了臭气大战，而你永远不会忘记那种气味！”

……这仅仅是开始！……

“How can you separate people because they look and think differently?”

“People are so serious about fighting. They make bombs that can destroy everything, including themselves.”

“What! If everyone is gone with that bomb, then there is no one to forgive and everything is forgotten.”

“I am so glad that we only fight with stinky stuff and that you will never forget the smell!”

... AND IT HAS ONLY JUST BEGUN!...

……这仅仅是开始！……

... AND IT HAS ONLY JUST BEGUN! ...

Did You Know?

你知道吗？

Lemurs live in groups and the female is the leader. To keep warm, groups of lemurs will huddle closely together to sleep in their favourite tree.

狐猴是群居动物，以雌性为首领。为了保暖，它们会在自己最喜欢的树上相拥而睡。

The life of a lemur includes a love for sunbathing, sitting with their white fur towards the blazing sun. They also understand mathematics and use tools.

狐猴最喜欢的日常生活是晒日光浴，它们坐着，让自己白色的皮毛晒着暖暖的阳光。它们还会数学，也知道如何使用工具。

当狐猴在森林中穿行时，它们会把尾巴竖起来，来保证互相之间可以看到对方，保持不掉队。

When lemurs walk through the forest, they keep their tails in the air so that everyone can keep sight of each other and stay together.

狐猴以水果和树叶为食，尤其爱吃罗望子树的树叶。它们通过嚼芦荟和仙人掌获取水源。

Lemurs eat fruits and leaves, especially of the tamarind tree. They get their water from eating aloe vera and prickly pear cactus.

The Harris hawk lives in families where the mature female is the dominant bird. The birds cooperate in hunting and in nesting, with three birds attending to the babies.

哈里斯鹰也是群居动物，成熟的雌性哈里斯鹰占有统领地位。它们合作着狩猎、筑巢，但会留下三只鹰照顾幼鹰。

The Harris hawk will take on prey and enemies larger than themselves. Because they work as a team, they make up for slower speed and less individual power.

哈里斯鹰可以攻击比自己体型还要大的敌人，它们是团队作战，这样可以弥补飞行速度较慢、个体能力较弱的缺点。

Animals defend their territory, but fighting is the last option, since it uses up a large amount of energy and can result in injury and even death. Often animals go through all the motions of fighting without ever touching each other. This is called ritual fighting.

动物都会守护自己的领地，但发动攻击是最后的选择，因为一场战斗会耗费大量体力，甚至会造成死伤的严重后果。通常，动物不需要与对方发生身体接触就能完成一场战斗，这叫做仪式战。

Ninety percent of the wildlife found on the island of Madagascar is not found anywhere else in the world.

在马达加斯加岛上发现的野生动物中，百分之九十是这里独有的。

Would you fight if someone entered your home?

如果有人闯入你的家，你会和他打架吗？

Do you welcome people from another race and belief into your home?

你欢迎和你不同种族、不同信仰的人进入你的家吗？

How would you defend your property? Would you prefer to make lots of noise and scare the intruder or go after them using a gun?

你如何保护自己的财产？你会制造嘈杂的噪音来吓跑那些入侵者，或者用枪驱赶他们吗？

When someone does something wrong and you are hurt, can you forgive and forget, or only forgive?

因为别人的错误行为而让你受到了伤害，你能原谅他并忘记这件事吗？或者只是原谅他？

Do It Yourself!
自己动手!

Study the ritual fighting of animals. Document the movements and analyse their effectiveness. Then compare this ritual with the way humans fight. Now draft some strategies on how to avoid conflicts and when conflicts do occur, how to reach a conflict resolution.

研究动物们的仪式战。记录动作，并分析这些动作的效果，然后将它们的仪式战和人类战争进行对比。最后，提出一些避免发生冲突以及冲突发生时如何解决的策略。

学科知识

Academic Knowledge

生物学	雌性动物在部分动物家族中占统领地位，如狐猴和哈里斯鹰家族；单细胞细菌具有探测生存环境中化学物质的能力；嗅觉是五大感觉之一，当人们感到饥饿时，嗅觉会变得更加灵敏。
化　学	气味腺产生有机酸和酯，雄性的气味腺还能产生胆固醇衍生物；气味由分子组成，嗅觉是脊椎动物化学传感的版本。
物　理	形状理论将嗅觉和气味与分子形状联系起来，而受量子物理学启发得出的振动理论提出，气味是由分子的振动决定的；炸弹尤其是原子弹的冲击波效应。
工程学	炸弹的研发需要物理学、数学和工程学的知识。
经济学	每年，全球各国的国防费用超过1.75万亿美元，是防治艾滋病、肺结核以及自然灾害应急等总费用的几百倍；在军事武器上的花费被当作威慑行为，因此，在经济学上它属于一项非生产性投资。
伦理学	发生冲突时，我们是发起战争，还是通过和平手段来解决冲突？调解的艺术不是科学，而是经验，一种将心灵和思想相结合的能力；每个人都会犯错，但是我们可以原谅别人吗？专注于感恩，从发生的事情中吸取教训，做一名学习者而不是受害者，用积极的方式报复——不伤害别人，而是证明你可以比伤害自己的人做得更好。
历　史	17世纪，法国红衣主教黎塞留创立了中立国，他深化了法国国界是“自然界线”的理念；殖民主义是一种统治方式，也是一个国家以政治力量占领另一个国家的方式；宣战与和平条约的概念。
地　理	马达加斯加岛曾经和印度次大陆相连。
数　学	如何计算战争的代价，包括战争死亡人数记录（军人和平民）、因营养不良造成的非战争死亡人数、医疗保障的损失、环境的破坏、受伤的代价、停工的代价、公民自由被剥夺的代价、抚慰退伍军人的费用；建一个全新的数学模型来计算这些真实的成本（远高于仅仅运送士兵的成本），激励决策者研究可替代战争的方案。
生活方式	日常生活中，人们因种族和宗教团体而区分；“生存还是毁灭”是莎士比亚剧作《哈姆雷特》的开场白，描写了抉择的艰难。
社会学	人类发明了大量词汇来描述各种各样的颜色、形状、大小、纹理，但是我们却缺少恰当的词汇来描述气味；在古代，身体气味的评价对于择偶和识别家族地位来说至关重要。
心理学	气味感觉依赖于环境：奶牛粪对一些人来说是难闻的，但对于在农场长大的人来说却值得怀念；气味还和期待有关：将一块帕尔马干酪藏在杯子中，如果告诉别人这是呕吐物，人们就会被气味吓退，如果告诉人们这是一块美味的奶酪，人们则会为之沉醉；原谅的力量能让你忘记怨恨，即使被冤枉也保持积极的状态。
系统论	单一民族国家的创立造就了民族性的产生，一个民族通常涵盖由不同文化、经济、信仰组成的群体。

情感智慧

Emotional Intelligence

哈里斯鹰

哈里斯鹰开始介绍自己的防御策略时用了很多攻击性词汇，但很快就被狐猴令人惊讶的方式搞得措手不及。哈里斯鹰喜欢交换意见，承认他不喜欢狐猴的味道。哈里斯鹰评论人类的所作所为，他对于人类的侵略行为和自己难以忘却的经历有鲜明的立场。哈里斯鹰有非常敏锐的观察能力，并和狐猴分享了动物们在守卫自己领地时各种各样的方法。这激发了一系列更深层次的思考，包括从当地情况到全世界面临的战争与和平的挑战，进一步演化为对种族主义、不包容行为、终极毁灭性武器（炸弹）所带来后果的思考。哈里斯鹰精辟地总结说：这将摧毁每一个人，包括制造炸弹的人。

狐　猴

狐猴愉快地介绍自己的生活方式，骄傲于自己是臭气大战的获胜方。他乐于分享自己如何开展臭气大战，但对哈里斯鹰不喜欢这种气味的事实也很敏感。而且狐猴意识到，尽管这对他们来说是最平常不过的事情，在局外人（比如哈里斯鹰）看来，臭气战可能非常可笑。哈里斯鹰关于“可以原谅但不能忘记”的描述激发了他们对不同物种如何守卫领地的更深层次思考。狐猴批判人类的行为，比如发动战争、花费巨资维护武器等。然后，他想知道为何仅仅因为长相不同而把人们区分开。最后，狐猴对生命有了哲学性的认识，并对自己用臭气战来解决冲突感到满意。

艺术

The Arts

列出动物们守卫自己领地的10种方式。用短剧表演来展示这些方式，将这些表演录下来上传到互联网上。邀请朋友和家人投票选出最佳表演，评选因素有：1）表演是否有趣；2）不用实际战斗而达到和平解决争端的方式是否有效。

思维拓展

Systems: Making the Connections

在动物界，捍卫领地是一种牢固建立的观念。动物们通常用气味和尿液来标记边界，它们很少将捍卫边界之争升级为致命的冲突，而人类却将领土划界作为发动战争的理由。领土争端在不断增加，每个国家都在小心地捍卫自己陆地和海洋的边界。守卫领土边界（不是为了保护政治实体，就是为了获得经济资源）的愿望为武装力量的产生提供了正当理由。许多国家用于维护武装力量的费用超过了在医疗和教育上的经费，更糟糕的是，实际的战争成本非常高，不仅仅是浪费掉数以万亿计的资金，还有整个社会为之付出的代价，将成为几代人要承受的社会负担。现在人们不断研究更多样的冲突解决方案，国防设备的投入主要致力于对侵略者的军事威慑上。然而，转移如此巨大的人力财力资源通常会影响到社会满足公众基本需求的能力。这种国防费用的最主要成就似乎是创建了国内的安全感，而具有讽刺意味的是，边界已经随着时间的演变而不断改变，很有可能还会再改变。正是在这种背景下，狐猴的臭气大战可能看起来微不足道，但却很好地启发人们采取仪式战，而非不断地苦思冥想如何使用毁灭性武器。

动手能力

Capacity to Implement

你能制造出多少种不同的气味？去收集一些气味，比如鲜花、树皮、种子、还有食物的气味……目标定得高些，收集至少25种不同的气味。然后邀请你的家人和朋友来闻一闻，并尝试辨别气味的来源。如果每个人都收集到25种不同的气味，那么你们很快就找到100多种。这将是一个很有意思的游戏，帮助你理解气味、香味甚至香水在我们生活中有多重要。

故事灵感来自

琳达·布朗·巴克
Linda Brown Buck

琳达·巴克研究心理学和微生物学，还获得了免疫学的博士学位。她很早就认识到了气味（嗅觉系统）对我们生活品质的重要性，独特的气味可以勾起人们对童年或者某个情感瞬间的回忆。她曾在哥伦比亚大学跟随理查德·阿克塞尔开展博士后工作，并于1991年与理查德共同发表了具有突破意义的论文，描述了气味引发记忆的作用。他们认为人类可以分辨10 000多种不同的气味，并且发现果蝇的嗅觉系统与老鼠相似。在所有感觉中，嗅觉或许是最需要深入挖掘和探究的。2004年，琳达·巴克和理查德·阿克塞尔获得诺贝尔生理学或医学奖。现在，琳达在位于马里兰州切维切斯的霍华德·休斯医学研究所从事研究工作。

更多资讯

www.bbc.co.uk/nature/life/Ring-tailed_Iqaqa

http://pin.primate.wisc.edu/factsheets/entry/ring-tailed_iqaqa

www.axellab.columbia.edu/home.php.html

图书在版编目（CIP）数据

从原谅到忘记 ：汉英对照 ／（比）冈特·鲍利著 ；
（哥伦）凯瑟琳娜·巴赫绘 ；田烁，王菁菁译．—— 上海 ：
学林出版社，2016.6
（冈特生态童书．第三辑）
ISBN 978-7-5486-1074-8

Ⅰ．①从… Ⅱ．①冈… ②凯… ③田… ④王… Ⅲ．
①生态环境－环境保护－儿童读物－汉、英 Ⅳ．
①X171.1-49

中国版本图书馆 CIP 数据核字（2016）第 121335 号

冈特生态童书
从原谅到忘记
作　　者—— 冈特·鲍利
译　　者—— 田　烁 王菁菁
策　　划—— 匡志强
责任编辑—— 匡志强 程　洋
装帧设计—— 魏　来
出　　版—— 上海世纪出版股份有限公司学林出版社
地 址：上海钦州南路 81 号　　电 话／传真：021-64515005
网址：www.xuelinpress.com
发　　行—— 上海世纪出版股份有限公司发行中心
（上海福建中路 193 号 网址：www.ewen.co）
印　　刷—— 上海丽佳制版印刷有限公司
开　　本—— 710×1020　1/16
印　　张—— 2
字　　数—— 5 万
版　　次—— 2016 年 6 月第 1 版
2016 年 6 月第 1 次印刷
书　　号—— ISBN 978-7-5486-1074-8/G·409
定　　价—— 10.00 元

（如发生印刷、装订质量问题，读者可向工厂调换）